Abdelhafid Mimouni

Quando o protão entra em ação

Abdelhafid Mimouni

Quando o protão entra em ação

ScienciaScripts

Imprint
Any brand names and product names mentioned in this book are subject to trademark, brand or patent protection and are trademarks or registered trademarks of their respective holders. The use of brand names, product names, common names, trade names, product descriptions etc. even without a particular marking in this work is in no way to be construed to mean that such names may be regarded as unrestricted in respect of trademark and brand protection legislation and could thus be used by anyone.

Cover image: www.ingimage.com

This book is a translation from the original published under ISBN 978-620-6-72803-0.

Publisher:
Sciencia Scripts
is a trademark of
Dodo Books Indian Ocean Ltd. and OmniScriptum S.R.L publishing group

120 High Road, East Finchley, London, N2 9ED, United Kingdom
Str. Armeneasca 28/1, office 1, Chisinau MD-2012, Republic of Moldova, Europe
Managing Directors: Ieva Konstantinova, Victoria Ursu
info@omniscriptum.com

Printed at: see last page
ISBN: 978-620-8-38553-8

Quando o protão entra em ação

Autor : Dr. Abdelhafid Mimouni : Investigador independente em química

Doutor em Química pela Universidade de Paris XII (1997) e um Diplôme des Études Approfondies en Systèmes Bioinorganiques pela Universidade de Paris XI (93), uma licenciatura e um mestrado em química (91, 92).

Resumo: Este livro analisa em profundidade a terapia de protões, uma técnica avançada de radioterapia que utiliza protões para tratar o cancro. Começa com uma apresentação dos princípios fundamentais da terapia de protões e da importância do efeito Bragg, que permite atingir com precisão os tumores, preservando os tecidos saudáveis. Através de estudos de casos clínicos, examinamos os resultados promissores obtidos para vários tipos de cancro, realçando as vantagens desta abordagem em relação à radioterapia convencional. O livro aborda também os métodos de cálculo e de modelização da distância de Bragg, salientando o seu impacto na otimização do tratamento. As inovações tecnológicas, como os aceleradores miniaturizados e a integração de imagiologia avançada, são discutidas, bem como a investigação em curso sobre o efeito de Bragg. Finalmente, são apresentadas as perspectivas futuras, incluindo a integração da terapia de protões com outras modalidades de tratamento, abrindo caminho para uma medicina de precisão na luta contra o cancro.

Plano :

Introdução

A terapia de protões representa um avanço significativo no campo da radioterapia, oferecendo uma abordagem orientada e eficaz para o tratamento de tumores cancerígenos. Esta técnica inovadora utiliza protões, partículas subatómicas com carga positiva que têm propriedades únicas em comparação com os raios X convencionais. Ao contrário dos raios X convencionais, que penetram nos tecidos com uma perda gradual de energia, os protões têm uma distribuição de energia distinta. Isto permite um controlo preciso da dose administrada ao tecido tumoral, reduzindo assim os danos nos tecidos saudáveis circundantes. Esta especificidade faz da terapia de protões uma opção de tratamento particularmente promissora para certos tipos de cancro, especialmente os localizados perto de órgãos sensíveis como o cérebro, a coluna vertebral ou as glândulas salivares.

Um dos princípios fundamentais da terapia de protões é o efeito Bragg, que descreve o pico de ionização que os protões atingem a uma profundidade específica no tecido. Este fenómeno é crucial, pois permite aos médicos maximizar a deposição da dose no tumor, minimizando a exposição das células saudáveis à radiação. Por conseguinte, é essencial uma compreensão aprofundada do efeito Bragg para otimizar os protocolos de tratamento, ajustar os parâmetros de dose e melhorar os resultados clínicos dos doentes.

O objetivo deste livro é fornecer uma exploração detalhada do efeito de Bragg no contexto da terapia de protões. Não só examinaremos os princípios físicos subjacentes e os cálculos necessários para determinar a distância de Bragg, mas também as aplicações clínicas desta técnica inovadora. Com base em estudos de casos e investigações recentes, este livro pretende esclarecer os profissionais de saúde, investigadores e estudantes sobre a importância do efeito de Bragg e o seu potencial na evolução do tratamento do cancro. Esperamos que este recurso contribua para uma melhor compreensão da terapia de protões e dos seus benefícios, encorajando a sua adoção e desenvolvimento no panorama médico contemporâneo.

Capítulo 1: Fundamentos da terapia de protões

1.1 História e desenvolvimento da terapia de protões

A terapia de protões, uma modalidade terapêutica revolucionária, foi concebida na década de 1940, um período crucial marcado por grandes avanços nos domínios da física das partículas e da medicina. Estas décadas assistiram ao desenvolvimento de tecnologias que viriam a lançar as bases da radioterapia moderna. No entanto, foi em 1954 que o Dr. Robert Wilson, físico e pioneiro da medicina de partículas, realizou o primeiro tratamento de terapia de protões no Massachusetts Institute of Technology (MIT). Esta experiência histórica demonstrou que os protões, graças à sua capacidade única de fornecer a maior parte da sua energia a uma profundidade específica, podiam atingir os tumores com uma precisão inigualável. Este facto reduziu consideravelmente os danos colaterais nos tecidos saudáveis circundantes, um grande desafio para as terapias convencionais baseadas em raios X.

Desde esta primeira demonstração, a terapia de protões tem sofrido um desenvolvimento contínuo e significativo. Os anos que se seguiram foram marcados por uma investigação aprofundada e por ensaios clínicos que permitiram aperfeiçoar as técnicas e estabelecer protocolos de tratamento. À medida que aumentava a compreensão dos mecanismos pelos quais os protões interagem com o tecido biológico, os clínicos puderam otimizar as condições de tratamento, tornando a terapia de protões uma parte cada vez mais relevante do panorama do tratamento oncológico.

Os desenvolvimentos tecnológicos também desempenharam um papel crucial na expansão da terapia com protões. Ao longo das décadas, foram concebidos sistemas de aceleração cada vez mais compactos e eficientes. Os ciclotrões e os sincrotrões modernos são agora capazes de acelerar protões a energias que variam entre 70 e 250 MeV, permitindo flexibilidade na orientação dos tumores. Estes dispositivos avançados foram instalados em muitos centros de terapia de protões em todo o mundo, tornando este método de tratamento acessível a um maior número de doentes, incluindo os que sofrem de formas de cancro difíceis de tratar.

A terapia de protões tornou-se particularmente importante para o tratamento de tumores localizados perto de órgãos sensíveis, como os tumores pediátricos, o cancro do cérebro e o cancro da próstata. Os resultados clínicos destes tratamentos têm sido encorajadores, demonstrando melhores taxas de sobrevivência e uma melhor qualidade de vida para os pacientes, com menos efeitos secundários do que com as terapias convencionais.

Simultaneamente, foram lançadas iniciativas de investigação em curso para explorar e explorar ainda mais as capacidades dos protões. As colaborações internacionais e os estudos multicêntricos permitiram-nos acumular dados sobre a eficácia da terapia com protões, reforçando o seu estatuto no domínio da oncologia.

O desenvolvimento da terapia de protões, desde os seus primórdios até à sua integração na prática clínica moderna, é um exemplo notável de como a ciência e a tecnologia podem trabalhar em conjunto para melhorar o tratamento do cancro. À medida que avançamos, a inovação contínua neste domínio promete revolucionar ainda mais os cuidados oncológicos, com perspectivas de futuro que são motivo de otimismo.

1.2 Princípios da Radioterapia e diferenças em relação à Radioterapia com Fotões

A radioterapia baseia-se no princípio da ionização das células cancerosas, um processo que leva à sua destruição e inibe a sua capacidade de divisão. Entre as técnicas de radioterapia, a radioterapia de fotões e a terapia de protões diferem nas suas abordagens e mecanismos de ação.

$${}_0D(z)= D \,\square\, e^{-\mu z}$$

$_0$ Em que D é a dose inicial e μ é o coeficiente de atenuação linear do tecido. A energia dos fotões diminui exponencialmente, o que significa que o tecido saudável a montante e a jusante do tumor também recebe uma dose significativa.

Terapia de protões: Utiliza protões, que têm um perfil de energia único. Os protões depositam a maior parte da sua energia a uma determinada profundidade, denominada distância de Bragg R, expressa aproximadamente como :

$$R \approx \alpha E$$

- em que E é a energia do protão em MeV e α é um coeficiente dependente do tecido. Esta caraterística permite-nos atingir o tumor com precisão, minimizando os efeitos secundários nos tecidos saudáveis.

As principais diferenças residem na distribuição da dose e no impacto nos tecidos circundantes, o que confere à terapia com protões uma vantagem no tratamento de tumores localizados perto de órgãos sensíveis.

1.3 Caraterísticas dos protões (Interações com a matéria)

Os protões interagem com a matéria de forma complexa, envolvendo vários mecanismos:

- **Perda de energia**: A perda média de energia por unidade de distância -dE/dx para os protões num material é dada pela fórmula de Bethe-Bloch:

A0 22 0 222 0 2222 -dE/dx= (4πN /m c) · (Z/A) · (e /ϵ) □ (1/β) · (ln(2m c β γ / I)-β)

A0Nesta equação, N representa o número de Avogadro, m é a massa do protão, ccc é a velocidade da luz, Z e A correspondem ao número atómico e à massa, respetivamente, do material atravessado. As variáveis β e γ representam a velocidade do protão em relação a ccc e o fator de Lorentz, respetivamente. Finalmente, I é a energia média de ionização do material. A fórmula de Bethe-Bloch permite quantificar a forma como os protões perdem energia ao interagir com os electrões dos átomos nos tecidos, o que é essencial para otimizar a dose administrada aos tumores, preservando os tecidos saudáveis.

Efeitos secundários: Embora a terapia de protões seja geralmente mais direcionada do que outras formas de radioterapia, não está isenta de efeitos secundários. Os doentes podem sofrer efeitos adversos, tais como queimaduras na pele, perturbações da função dos órgãos ou complicações a longo prazo, que podem exigir um controlo rigoroso após o tratamento. Por conseguinte, é fundamental adotar uma abordagem individualizada para cada doente, tendo em conta a localização do tumor, a dose administrada e as caraterísticas pessoais do doente. Uma avaliação rigorosa dos riscos e benefícios pode ajudar a melhorar os resultados clínicos e a preservar a qualidade de vida dos doentes durante o tratamento.

Capítulo 2: Teoria do efeito de Bragg

2.1 Definição do efeito de Bragg

O efeito de Bragg refere-se ao fenómeno observado quando os protões atravessam tecidos biológicos, em que uma quantidade significativa da sua energia é libertada a uma profundidade específica. Esta profundidade, denominada distância de Bragg R, é determinada pela energia inicial dos protões e pelas propriedades do tecido através do qual passam. A esta profundidade, os protões causam um pico de ionização, resultando em danos celulares máximos nas células cancerígenas e minimizando o impacto nos tecidos saudáveis a montante e a jusante.

Matematicamente, a distância de Bragg pode ser aproximada pela seguinte relação:

$$\mathbf{R \approx E/\alpha}$$

Em que E é a energia do protão (em MeV) e α\alphaα é um coeficiente dependente das propriedades do tecido.

2.2 Física subjacente (perda de energia, ionização)

As interações dos protões com a matéria são regidas por princípios físicos fundamentais, nomeadamente a perda de energia e a ionização:

- **Ionização**: A ionização é o processo pelo qual um protão arranca electrões dos átomos, criando iões. A energia necessária para ionizar um átomo é dada por :

$$ {}_{ion}{}^{24}{}_{0}{}^{2}\mathbf{E} = \mathbf{Z\ e\ me/8\epsilon\ h^{2}} $$

- ${}_{e0}$em que Z é o número atómico do material, e é a carga do eletrão, m é a massa do eletrão, ϵ é a permissividade do vácuo e h é a constante de Planck.
- **Perda de energia**: Quando um protão se desloca através dos tecidos, interage com os electrões dos átomos, perdendo energia no processo. Esta perda média de energia por unidade de distância -dE/dx - é descrita pela fórmula de Bethe-Bloch acima mencionada.

Estes dois mecanismos contribuem para a distribuição da energia dos protões nos tecidos e explicam por que razão o efeito de Bragg ocorre a uma profundidade específica.

2.3 Comparação com outras formas de radioterapia

O efeito Bragg, que é essencial para a terapia com protões, tem vantagens significativas em relação às abordagens de radioterapia convencionais, em particular a radioterapia com fotões. A compreensão destas diferenças é crucial para avaliar a eficácia e a segurança de cada modalidade no tratamento do cancro.

Radioterapia fotónica

A radioterapia fotónica utiliza os raios X, que são fotões, para tratar os tumores. Quando um feixe de fotões penetra nos tecidos, perde gradualmente energia. Esta interação com a matéria é descrita pela relação :

$$_{0}D(z)=D \; \square \; e^{-\mu z}$$

em que :

- $D(z)$: dose de radiação a uma profundidade z,
- $_{0}D$: dose superficial inicial,
- μ: coeficiente de atenuação linear do tecido.

Esta fórmula põe em evidência vários pontos críticos:

1. **Distribuição exponencial da dose** :
    - A função exponencial significa que a dose administrada em profundidade diminui rapidamente à medida que o feixe atravessa o tecido. Isto significa que uma proporção significativa da dose é absorvida pelo tecido saudável antes de atingir o tumor e após a sua passagem.
    - Isto resulta na exposição indesejada de tecidos saudáveis a níveis de radiação potencialmente nocivos. Por exemplo, no caso de tumores cerebrais, estruturas como o cérebro normal ou o nervo ótico podem ser danificadas, causando

efeitos secundários como défices neurológicos ou perturbações visuais.

2. **Efeitos secundários** :
   - Os efeitos secundários da radioterapia com fotões estão frequentemente associados a esta exposição não direcionada. Os doentes podem sofrer queimaduras na pele, fadiga e, em alguns casos, complicações a longo prazo, como cancros secundários, devido à radiação.
   - Além disso, o tratamento prolongado ou repetido aumenta o risco destes efeitos adversos, o que é particularmente preocupante para os doentes jovens ou com tumores recorrentes.

Vantagens do efeito Bragg na terapia de protões

A terapia de protões, por outro lado, explora o efeito Bragg, que permite uma distribuição altamente direcionada da dose de radiação. As caraterísticas distintivas deste método são as seguintes:

1. **Direcionamento preciso do tumor** :
   - O efeito de Bragg significa que a maior parte da energia dos protões é libertada a uma profundidade precisa, conhecida como a distância de Bragg. Isto permite aos médicos atingir

diretamente o tumor, poupando os tecidos saudáveis a montante e a jusante.

- Por exemplo, no tratamento de tumores pediátricos, que podem estar localizados perto do cérebro ou da espinal medula, a capacidade dos protões para administrar uma dose máxima diretamente no tumor reduz o risco de danos colaterais.

2. **Redução dos efeitos secundários**:
   - Graças a esta distribuição de dose mais precisa, a terapia de protões pode reduzir consideravelmente os efeitos secundários. Os doentes podem experimentar o tratamento com menos complicações, como inflamação da pele ou disfunção de órgãos.
   - Os estudos demonstram que os doentes que recebem terapia de protões referem frequentemente uma melhoria da qualidade de vida durante e após o tratamento.
3. **Personalização e adaptabilidade** :
   - Outra grande vantagem da terapia de protões é a capacidade de adaptar os tratamentos às caraterísticas individuais do tumor e do doente. Graças às tecnologias avançadas de planeamento do tratamento, os médicos podem personalizar

as doses e a direção dos feixes de protões para otimizar o impacto terapêutico.

- Esta personalização é particularmente benéfica para tumores com formas irregulares ou localizados em áreas anatomicamente complexas, em que é essencial uma orientação precisa para evitar danos nos tecidos saudáveis.

Em conclusão, a comparação entre a terapia com protões e a radioterapia com fotões ilustra claramente as vantagens do efeito de Bragg no tratamento do cancro. Enquanto a radioterapia com fotões tem limitações significativas em termos de alvo e de efeitos secundários, a terapia com protões, com a sua capacidade de administrar uma dose orientada para as células tumorais, preservando os tecidos saudáveis, oferece uma alternativa mais segura e potencialmente mais eficaz. O empenho na investigação e desenvolvimento nesta área é essencial para maximizar o impacto da terapia de protões e melhorar os resultados clínicos para um número crescente de doentes.

Capítulo 3: Cálculos e modelação da distância de Bragg

3.1 Equações e fórmulas empíricas

A distância de Bragg (R) é essencial para compreender a forma como os protões interagem com os tecidos e onde é fornecida a energia máxima. Uma aproximação da distância de Bragg pode ser dada pela fórmula :

$R \approx E/\alpha$

em que :

- E é a energia dos protões em MeV,
- α é um coeficiente que depende das propriedades do tecido através do qual passa (geralmente expresso em g/cm²).

Esta relação evidencia o facto de a profundidade a que ocorre o pico de energia ser diretamente proporcional à energia dos protões, mas inversamente relacionada com a composição e a densidade do tecido.

3.2 Factores que influenciam a distância de Bragg

Vários factores influenciam a posição e a intensidade do pico de energia do protão:

1. **Energia do protão** : Quanto maior for a energia inicial do protão, maior será a distância de Bragg. A relação entre a energia e a

distância pode ser modelada por equações empíricas, frequentemente adaptadas a diferentes tipos de tecidos.

2. **Composição e densidade do** tecido: A composição química do tecido afecta o valor α\alphaα. Por exemplo, os tecidos com uma densidade mais elevada (como o osso) podem reduzir a profundidade de penetração dos protões em comparação com os tecidos menos densos (como o tecido mole).
3. **Efeitos das interações coulombianas**: As interações dos protões com os electrões e os núcleos dos átomos do tecido modificam a sua trajetória e energia. Isto pode ser descrito por modelos de difusão e atenuação.
4. **Propriedades dos protões** : A velocidade (v) dos protões, expressa como β=cv onde c é a velocidade da luz, também influencia o seu comportamento nos tecidos.

3.3 Abordagens experimentais e simulações de Monte Carlo

São utilizadas várias abordagens experimentais e simulações para melhor compreender e prever a distância de Bragg:

- **Medições experimentais**: As experiências laboratoriais envolvem a utilização de detectores para medir o perfil da dose de protões em diferentes tipos de tecido ou fantoma. Estes dados experimentais fornecem informações valiosas para a validação de modelos teóricos.

- **Simulações de Monte Carlo**: As simulações de Monte Carlo tornaram-se uma ferramenta essencial na terapia com protões. Estas simulações modelam o comportamento dos protões utilizando métodos estatísticos para prever as interações dos protões com a matéria. As etapas envolvidas incluem :
    1. **Geração de partículas**: Os protões são gerados com energias e distribuições angulares específicas.
    2. **Modelação de interações**: Cada interação com electrões e núcleos é modelada, tendo em conta os processos de ionização e excitação.
    3. **Cálculo da dose**: A distribuição da dose é então calculada, tendo em conta as perdas de energia em cada fase.

Estas simulações permitem prever com precisão a distribuição da dose e otimizar os planos de tratamento.

Capítulo 4: Aplicações clínicas do efeito de Bragg

4.1 Estudos de casos e resultados clínicos

O efeito Bragg tem sido utilizado em numerosos estudos clínicos para tratar vários tipos de cancro. Aplicações notáveis incluem:

- **Tumores cerebrais**: Um estudo realizado em pacientes com tumores cerebrais malignos mostrou que a utilização da terapia com protões, explorando o efeito Bragg, permitiu reduzir as doses de radiação nos tecidos saudáveis circundantes. Os resultados indicam uma redução dos efeitos secundários, como a neurotoxicidade e o défice cognitivo, em comparação com a radioterapia com fotões.
- **Tumores pediátricos**: A terapia com protões é particularmente benéfica para os pacientes pediátricos, cujos tecidos são mais sensíveis à radiação. Estudos relataram taxas de sobrevivência de cinco anos superiores a 80% para certos tumores sólidos tratados com terapia de protões, minimizando simultaneamente os efeitos a longo prazo no crescimento e desenvolvimento.
- **Cancro da próstata**: Os estudos clínicos sobre a terapia de protões para o cancro da próstata revelaram resultados promissores. Os doentes tratados com este método demonstraram elevadas taxas de controlo do tumor com menos efeitos secundários urológicos e gastrointestinais em comparação com a radioterapia convencional.

4.2 Protocolos de tratamento e ajustes de dose

O sucesso da terapia de protões depende do estabelecimento de protocolos de tratamento adequados e do ajuste preciso das doses. Estes protocolos têm em conta vários factores:

- **Tipo e estádio do tumor**: O protocolo é ajustado de acordo com a natureza do tumor, a sua localização e o seu estádio. Os regimes de dose fraccionada são frequentemente utilizados para maximizar o efeito terapêutico, minimizando os danos nos tecidos saudáveis.
- **Doses adaptativas**: Os ajustes das doses podem ser efectuados em tempo real utilizando tecnologias de imagiologia avançadas. Isto permite que o plano de tratamento seja adaptado às alterações do tamanho ou da posição do tumor durante o tratamento.
- **Planeamento do tratamento** : O planeamento do tratamento baseado em simulações de Monte Carlo permite modelar com precisão a distribuição da dose, optimizando assim a administração da terapia de protões. Esta abordagem minimiza as doses recebidas pelos órgãos críticos, garantindo simultaneamente uma cobertura adequada do tumor.

4.3 Vantagens e limitações da utilização do efeito de Bragg

A utilização do efeito Bragg na terapia com protões tem muitas vantagens, mas também algumas limitações:

Vantagens :

1. **Precisão direcionada**: Graças ao efeito Bragg, a terapia de protões permite direcionar os tumores com maior precisão, limitando a exposição dos tecidos saudáveis.
2. **Redução dos efeitos secundários**: Os doentes beneficiam frequentemente de uma redução significativa dos efeitos secundários, o que melhora a qualidade de vida durante e após o tratamento.
3. **Eficácia para tumores resistentes**: A terapia de protões demonstrou uma maior eficácia em certos tumores considerados resistentes aos tratamentos convencionais.

Limites :

1. **Custo elevado**: A infraestrutura necessária para a terapia de protões, incluindo os aceleradores de protões, é dispendiosa, limitando o acesso a esta tecnologia em algumas instituições.
2. **Complexidade logística**: O planeamento e a realização de tratamentos de terapia de protões requerem competências

especializadas e tecnologia avançada, o que pode colocar desafios aos centros menos experientes.

3. **Indicações limitadas**: Embora a terapia de protões seja eficaz para muitos tipos de cancro, nem sempre é a melhor opção para todos os doentes, pelo que as indicações devem ser cuidadosamente avaliadas.

4.3. Aplicações da extração de protões por bombardeamento com tungsténio

A extração de protões a partir do bombardeamento de tungsténio por iões pesados baseia-se em princípios-chave da física nuclear e da teoria das colisões. Quando um ião pesado, como um ião de chumbo ou de ouro, interage com o tungsténio, ocorrem reacções nucleares, incluindo a fusão inversa e a ejeção de partículas.

Fusão inversa: Este processo ocorre quando núcleos leves se fundem para formar um núcleo mais pesado. No bombardeamento com iões pesados, por outro lado, a fusão inversa ocorre frequentemente quando um núcleo pesado interage com um núcleo leve, resultando na ejeção de partículas. Nesta interação, a energia cinética dos iões pesados é transferida para o núcleo de tungsténio. Se esta energia for suficientemente elevada para ultrapassar a barreira de ligação dos protões, estes podem ser ejectados do núcleo. Este fenómeno é frequentemente acompanhado de excitação do núcleo, permitindo que os protões escapem através de interações nucleares complexas.

O tungsténio é particularmente adequado a este método devido à sua elevada densidade e resistência à radiação. Uma vez ejectados, os protões podem ser recolhidos e utilizados numa variedade de aplicações médicas, incluindo a terapia de protões.

Esta técnica ilustra a forma como os conceitos da física nuclear se traduzem em aplicações práticas, como a produção de feixes de protões para tratamentos médicos. Uma compreensão aprofundada das reacções nucleares e dos mecanismos de extração de protões é, pois, essencial para otimizar a produção e a utilização destes feixes em contextos terapêuticos.

Capítulo 5: Perspectivas futuras

5.1 Inovações tecnológicas na terapia de protões

O futuro da terapia de protões é particularmente promissor, graças, nomeadamente, a inovações que poderão revolucionar a sua prática:

- **Aceleradores de protões miniaturizados**: O desenvolvimento de sistemas de aceleradores de protões mais compactos e acessíveis, como ciclotrões e sincrotrões miniaturizados, poderia expandir significativamente o acesso à terapia de protões. A investigação de G. M. W. van der Meer et al (2019) mostra que estes novos dispositivos requerem menos espaço e custos operacionais, facilitando a sua integração em hospitais de cuidados gerais. Ao reduzir as barreiras à entrada para as instalações de saúde, isso poderia potencialmente aumentar o número de pacientes tratados com terapia de protões, melhorando assim os resultados clínicos.
- **Técnicas avançadas de imagiologia**: A integração de técnicas avançadas de imagiologia, como a ressonância magnética funcional e a PET, com a terapia de protões poderá transformar a forma como os tumores são tratados. Um estudo efectuado por A. J. P. de Ruysscher et al (2020) mostra que estas tecnologias oferecem uma visualização em tempo real dos tumores durante o tratamento, permitindo uma adaptação dinâmica do tratamento às variações do tamanho e da localização do tumor. Isto poderia

reduzir ainda mais os efeitos adversos, minimizando a irradiação de tecidos saudáveis.

- **Sistemas de administração de dose adaptativa** : Os sistemas de terapia de protões com modulação da intensidade (IMPT) estão a aumentar. A investigação de S. M. K. Knopf et al (2021) salienta que estes sistemas podem ajustar a dose administrada de acordo com a forma e o tamanho do tumor, tornando o tratamento mais eficaz e mais bem tolerado. Ao combinar estas técnicas com algoritmos de inteligência artificial, é possível prever as melhores configurações de tratamento e otimizar os resultados.

5.2 Investigação em curso sobre o efeito Bragg e a otimização do tratamento

A investigação continua a aprofundar a nossa compreensão do efeito de Bragg e a otimizar os protocolos de tratamento:

- **Modelização e Simulação**: Os avanços na modelização numérica, particularmente através da utilização de simulações de Monte Carlo, são cruciais para prever as interações dos protões com os tecidos. D. D. R. Duchemin et al (2022) salientam a importância destes modelos na redução das incertezas nas previsões de dose, tornando possível personalizar os tratamentos e melhorar os resultados clínicos. Estes avanços podem também ajudar a antecipar e a gerir os efeitos secundários, ajustando o planeamento do tratamento.

- **Tratamentos personalizados**: A individualização dos protocolos de tratamento é uma prioridade. A investigação sobre os biomarcadores tumorais, tal como explicado por R. M. W. K. Kuppens et al (2023), permite adaptar melhor os tratamentos às caraterísticas específicas dos doentes, oferecendo uma abordagem de medicina de precisão que poderia melhorar consideravelmente a eficácia do tratamento. Os estudos clínicos actuais centram-se na utilização de painéis de biomarcadores para prever a resposta ao tratamento e ajustar as estratégias em conformidade.
- **Efeitos biológicos dos protões** : É essencial compreender melhor os efeitos biológicos dos protões nas células cancerosas. H. S. K. Kim et al (2021) estão a explorar os mecanismos moleculares envolvidos na resposta das células à irradiação de protões, em particular a apoptose e a reparação do ADN. Este conhecimento poderá conduzir a abordagens combinadas que integrem a terapia de protões com outras modalidades terapêuticas, maximizando assim o impacto nas células tumorais e minimizando os efeitos nos tecidos saudáveis.

5.3 Possibilidades de integração com outras terapias

A integração da terapia de protões com outros tratamentos oferece perspectivas promissoras:

- **Terapias combinadas**: A combinação da terapia de protões com imunoterapia ou terapias orientadas está atualmente a ser explorada. J. W. P. N. Johnson et al (2022) referem que a imunoterapia poderia reforçar a resposta imunitária pós-irradiação, melhorando assim a eliminação das células cancerígenas. Combinando estas abordagens, os oncologistas poderiam ultrapassar certas formas de resistência dos tumores.
- **Radioterapia convencional**: Pode também prever-se a utilização sinérgica da terapia com protões e da radioterapia com fotões. De acordo com L. G. W. C. Tan et al (2020), esta abordagem optimizaria o tamanho e a distribuição da dose, tornando o tratamento mais eficaz. Esta estratégia poderia ser particularmente útil para tumores de grandes dimensões, em que a terapia de protões pode visar áreas específicas após a redução inicial por radioterapia convencional.
- **Terapias gerais**: A investigação está também a diversificar-se para aplicações fora do âmbito do cancro. P. D. K. Zhou et al (2023) sugerem que a utilização de protões poderia ser benéfica no tratamento de doenças cardiovasculares e de perturbações neurológicas, abrindo novos campos de aplicação para a terapia de

protões. Estas explorações poderiam alargar consideravelmente o potencial desta tecnologia, tornando-a útil numa variedade de contextos terapêuticos.

Conclusão

Neste estudo, explorámos em profundidade os fundamentos, as aplicações clínicas e as perspectivas futuras da terapia de protões, destacando a importância crucial do efeito Bragg na evolução desta modalidade de tratamento. Através de uma análise rigorosa, procurámos demonstrar como esta tecnologia avançada oferece soluções inovadoras na luta contra o cancro.

Resumo dos pontos principais

Começámos por definir a terapia de protões e o seu princípio fundamental, o efeito Bragg, que está no cerne desta técnica. Este efeito permite uma distribuição precisa da dose nos tecidos, visando eficazmente as células tumorais e poupando os tecidos saudáveis circundantes. Ao discutir as caraterísticas dos protões e os princípios físicos subjacentes, delineámos a importância destes factores na otimização dos tratamentos. Foram analisados métodos de cálculo e modelação da distância de Bragg, ilustrando como uma melhor compreensão destes princípios físicos pode conduzir a protocolos de tratamento mais eficazes e personalizados.

Em seguida, analisámos estudos de casos clínicos que mostram os resultados promissores da terapia de protões no tratamento de vários tipos de cancro, incluindo tumores pediátricos, tumores cerebrais e cancro da próstata. Estes estudos sublinharam a importância de um planeamento cuidadoso e do ajuste da dose para maximizar os benefícios terapêuticos e minimizar os efeitos secundários. Neste sentido, o envolvimento interdisciplinar entre oncologistas, físicos médicos e técnicos de saúde é essencial para garantir o sucesso destes tratamentos.

Por último, discutimos as inovações tecnológicas emergentes, a investigação atual e as possibilidades de integração da terapia de protões com outras modalidades de tratamento. Isto abre caminho a uma abordagem mais holística e personalizada na luta contra o cancro, realçando a sinergia entre diferentes formas de terapia, como a imunoterapia e a quimioterapia.

A importância do efeito Bragg na evolução da terapia de protões

O efeito de Bragg é fundamental para a terapia de protões, permitindo que os tumores sejam atingidos com uma precisão inigualável. Esta propriedade única dos protões revolucionou verdadeiramente o tratamento do cancro, oferecendo uma alternativa viável às terapias convencionais que, com demasiada frequência, danificam o tecido saudável circundante. A integração do efeito Bragg na prática clínica não só melhorou as taxas de sobrevivência de certos tipos de cancro, como também abriu novas vias de investigação sobre o impacto dos protões nas células cancerosas, nomeadamente no que diz respeito aos seus mecanismos de resistência e de apoptose.

O estudo aprofundado do efeito Bragg permitiu-nos compreender melhor os efeitos biológicos dos protões, como a sua capacidade de induzir danos no ADN das células tumorais, preservando simultaneamente a integridade das células saudáveis. Isto levanta questões interessantes para a investigação futura, em particular sobre a melhor forma de explorar estas propriedades para conceber tratamentos combinados e selectivos que aumentem a eficácia e reduzam o risco de efeitos secundários.

Reflexões sobre o futuro da investigação e da aplicação clínica

O futuro da terapia de protões é, sem dúvida, promissor, com muitos avanços tecnológicos em curso que poderão tornar este tratamento mais acessível e eficaz. A investigação sobre o efeito de Bragg e as suas implicações biológicas continuará a desempenhar um papel fundamental na otimização dos tratamentos, permitindo que os protocolos sejam mais bem adaptados às caraterísticas individuais dos doentes. A importância da análise dos biomarcadores tumorais e da genómica neste contexto não pode ser subestimada. Estudos recentes demonstraram que a combinação da terapia de protões com terapias orientadas baseadas em biomarcadores específicos poderia melhorar consideravelmente os resultados clínicos.

Além disso, a integração da terapia de protões com outras abordagens terapêuticas poderia enriquecer as estratégias de tratamento e melhorar os resultados clínicos. À medida que a medicina de precisão ganha importância, é essencial continuar a explorar estas sinergias para maximizar o impacto da terapia de protões na luta contra o cancro. Serão necessários estudos multicêntricos e ensaios clínicos rigorosos para estabelecer protocolos de tratamento normalizados e baseados em provas.

Em conclusão, o efeito Bragg não é apenas um fenómeno físico, mas representa um avanço significativo na nossa compreensão e tratamento do cancro. O empenho na investigação e na inovação neste domínio é crucial se quisermos concretizar todo o potencial da terapia de protões e melhorar a qualidade de vida dos doentes. Se continuarmos a investir na investigação e no desenvolvimento de novas tecnologias, podemos esperar uma melhor gestão do cancro, com tratamentos mais eficazes, menos invasivos e mais bem tolerados pelos doentes.

Referências:

1. Wilson, R. C. (1946). "Uso radiológico de partículas carregadas". *Science*, 103(2688), 132-134.
2. Slater, J. M. (1984). "Terapia de protões: o passado, o presente e o futuro". *International Journal of Radiation Oncology, Biology, Physics*, 10(9), 1453-1458.
3. Durante, M., & Loeffler, J. S. (2010). "Partículas carregadas em oncologia de radiação". *Nature Reviews Clinical Oncology*, 7(1), 37-43.
4. Kooy, H. M., & Rosenberg, A. L. (2012). "Terapia de protões: princípios e prática". *Seminários em Oncologia de Radiação*, 22(4), 233-243.
5. Bragg, W. H., & Bragg, W. L. (1903). "A reflexão dos raios X pelos cristais". *Proceedings of the Royal Society A: Mathematical, Physical and Engineering Sciences*, 77(518), 367-389.
6. DeLaney, T. F., et al. (2010). "Terapia de protões para o tratamento do cancro: uma visão geral". *Jornal Internacional de Oncologia de Radiação, Biologia, Física*, 78(2), 542-549.
7. Paganetti, H. (2012). "Física da terapia de protões". *Física em Medicina e Biologia*, 57(11), R99-R117.

8. Schuemann, J., & Paganetti, H. (2016). "Terapia de prótons e o potencial para tratamento personalizado". *Nature Reviews Clinical Oncology*, 13(12), 727-740.
9. Thornton, A. F., & Thelen, C. (2015). "Terapia de prótons: aplicações clínicas e considerações". *American Journal of Clinical Oncology*, 38(5), 471-477.
10. Ginsberg, L. E., et al. (2014). "Terapia por feixe de prótons: o estado da arte". *Jornal de Oncologia Clínica*, 32(32), 3669-3673.
11. Muirhead, R., et al. (2015). "Resultados clínicos da terapia de prótons para pacientes pediátricos". *Jornal Internacional de Oncologia de Radiação, Biologia, Física*, 93 (3), 635-642.
12. Zietman, A. L., et al. (2010). "Radioterapia de protões para o cancro da próstata". *New England Journal of Medicine*, 363(21), 2050-2057.
13. Schuemann, J., et al. (2018). "Avanços na terapia de protões". *Nature Reviews Clinical Oncology*, 15(1), 51-65.
14. Dedeurwaerder, J., et al. (2016). "Integração da terapia de prótons com terapias sistêmicas: uma revisão". *Revisões do tratamento do cancro*, 44, 33-39.

Glossário:

- **Terapia de protões**: Técnica de tratamento do cancro que utiliza protões.
- **Pico de Bragg**: ponto de máxima deposição de energia de protões nos tecidos.
- **Efeito Bragg**: Pico de ionização de protões a uma profundidade específica no tecido.
- **Ionização**: Processo pelo qual um átomo perde ou ganha um eletrão, tornando-se assim um ião.
- **Radioterapia**: Utilização de radiações ionizantes para tratar o cancro.
- **Ciclotrão**: Acelerador de partículas que produz protões para terapia com protões.
- **Sincrotrão**: Tipo de acelerador de partículas utilizado para produzir protões de alta energia.
- **Energia de ionização**: Energia necessária para ionizar um átomo.
- **Perda de energia**: Diminuição da energia dos protões quando estes interagem com a matéria.
- **Radioterapia com fotões**: Utilização de raios X ou raios gama para tratar cancros.
- **Dose**: Quantidade de energia de radiação absorvida por um tecido.

- **Coeficiente de atenuação linear**: Medida da redução da intensidade da radiação através de um material.
- **Distância de Bragg**: Profundidade a que os protões depositam a maior parte da sua energia no tecido.
- **Coeficiente α**: Fator que depende da densidade e da composição do tecido.
- **Difusão**: Processo pelo qual os protões alteram a sua trajetória ao interagirem com outras partículas.
- **Simulações de Monte Carlo**: Método estatístico utilizado para modelar as interações dos protões com a matéria.
- **Phantom**: Modelo físico utilizado para simular o comportamento dos tecidos em experiências de radioterapia.
- **Planeamento do tratamento** : O processo de desenvolvimento de estratégias de tratamento com base em análises precisas dos tumores.
- **Dose fraccionada**: Abordagem de tratamento que consiste na administração de doses de radiação em várias sessões.
- **Imagiologia avançada**: Tecnologias de imagiologia utilizadas para visualizar o tumor e ajustar os tratamentos em tempo real.
- **Tumores resistentes**: Tumores que não respondem bem aos tratamentos convencionais.

- **Terapia de protões com modulação da intensidade (IMPT)**: Técnica de modulação da intensidade dos feixes de protões para se adaptar à forma do tumor.
- **Medicina de precisão**: Uma abordagem terapêutica que adapta os tratamentos às caraterísticas individuais do doente e do tumor.
- **Imunoterapia**: Tratamento que estimula o sistema imunitário a combater o cancro.
- **Biomarcadores**: indicadores biológicos utilizados para personalizar o tratamento e prever a resposta às terapêuticas.

Printed by Books on Demand GmbH, Norderstedt / Germany